Sitzungsberichte
der Akademie der Wissenschaften
der DDR
Mathematik – Naturwissenschaften – Technik

11 N
1978

Probleme der Schadstoffbewertung

AKADEMIE-VERLAG · BERLIN

Sitzungsberichte
der Akademie der Wissenschaften
der DDR
Mathematik — Naturwissenschaften — Technik

Jahrgang 1978 · Nr. 11/N

Probleme der Schadstoffbewertung

AKADEMIE-VERLAG · BERLIN
1978

Vorträge und Diskussionsbeiträge gehalten anläßlich der gemeinsamen Sitzung der Klassen „Umweltschutz und Umweltgestaltung“ und „Chemie“ am 17. 11. 1977

Herausgegeben im Auftrage
des Präsidenten der Akademie
der Wissenschaften der DDR
von Vizepräsident Prof. Dr. Heinrich Scheel

Erschienen im Akademie-Verlag, 108 Berlin, Leipziger Str. 3–4

Lizenznummer: 202 · 100/227/78
Gesamtherstellung: VEB Druckhaus Köthen
Bestellnummer: 762 669 2 (2010/78/11/N) · LSV 1205
Printed in GDR
DDR 4,– M

Inhalt

G. Keil

Zur Einführung

Wissenschaftlicher und technischer Fortschritt sind an das Erfordernis verstärkter Chemisierung zahlreicher Zweige der Volkswirtschaft gebunden. Diese Chemisierung hat eine sich nach Art und Menge rapid erweiternde Palette chemisch-technischer Produkte sowie eine kaum noch überschaubare Zahl von Ab- und Abbauprodukten zur Folge. In der überwiegenden Mehrzahl handelt es sich bei diesen Produkten um Fremdstoffe, d. h. Stoffe, die weder natürlichen Ursprungs sind noch in den naturgegebenen Kreisläufen verbraucht oder in „Naturprodukte" umgewandelt werden können.

Die meisten dieser Fremdstoffe besitzen eine mehr oder weniger ausgeprägte biologische Aktivität. Damit sind aber die Voraussetzungen gegeben, daß diese Fremdstoffe zu Schadstoffen werden können.

Es bedarf geeigneter Mittel und Methoden, solche als Schadstoff bedeutsamen Fremdstoffe rechtzeitig zu erfassen, sie zu bestimmen und damit die Voraussetzungen für ihre toxikologische Bewertung zu schaffen.

Es ist dabei von zweitrangiger Bedeutung, ob diese Schadstoffe als Luft- bzw. Abluftbeimengungen, als Wasserinhaltsstoffe, als Haupt- und Nebenprodukte bzw. als Begleitkomponenten in industriellen Fertigungs- und Verarbeitungsprozessen auftreten *oder* ob ihr Vorkommen, ihre Anreicherung und ihre Ablagerungen an landwirtschaftliche Produktionsprozesse sowie Arbeitsvorgänge in der Nahrungsgüterwirtschaft geknüpft sind.

Von erstrangiger Bedeutung ist hingegen, wie groß das Risiko ist, daß diese Schadstoffe zur Ursache für akute, für chronische oder für andere Spätschäden werden. Hier liegt die volkswirtschaftliche und die gesellschaftspolitische Dimension der Thematik dieser Klassensitzung.

Kh. Lohs

Gifte und ihre Bewertung

Streng genommen gibt es keine ungiftigen Substanzen. Paracelsus hat in der dritten seiner sieben Kärtner Defensionen diesen Sachverhalt in die vielzitierten Worte gefaßt:

„Alle Dinge sind Gift,
und nichts ist ohne Gift.
allein die Dosis macht,
daß ein Ding kein Gift ist."

Paracelsus spricht damit die fundamentale naturwissenschaftliche Erkenntnis von der Existenz einer Wirkungsschwelle für biologisch-aktive Substanzen aus. Diese dosisabhängige Wirkungsschwelle wird oftmals verabsolutiert und in eine konstante Materialeigenschaft umgedeutet, d. h. sie wird aus dem „biologischen Zusammenhang" gerissen und damit mißverstanden.

Unter der großen Zahl chemischer Verbindungen sowie daraus hergestellter chemisch-technischer Erzeugnisse, die alljährlich neu in Umlauf kommen, befinden sich zwangsläufig viele mit biologischer Aktivität; sie kann von extremem Ausmaß sein und als „Giftigkeit" für den betroffenen Organismus gefährlich im Sinne von Schädigung oder Tötung werden. Nun ist allerdings nicht jede chemische Verbindung gefährlich und nicht jede gefährliche Verbindung notwendigerweise giftig. Ebenso muß nicht jede giftige Verbindung unter allen Umständen gefährlich sein; es gibt unterschiedliche Gefahrenarten und Gefährlichkeitsgrade wie es unterschiedliche Giftigkeit gibt. Art und Ausmaß der Giftigkeit einer chemischen Verbindung zu erkunden und damit zur Einschätzung der Gefährdung zu gelangen sowie die Gefährdung zu minimieren ist das Anliegen der Toxikologie, die meist in vereinfachender Verkürzung als Lehre von den Giften und Vergiftungen oder noch knapper als „Giftkunde" apostrophiert wird.

Die Gifte als Gesundheits- und Lebensrisiko begleiten den Menschen von Urzeiten an. Vergiftungen galten jahrhundertelang als Einzelschicksal; sie wurden als eigentlich vermeidbare Zwischenfälle bzw. Unfälle eingeordnet, wenn es sich nicht gerade um Mord oder Suizid handelte. Erst in unserem Jahrhundert sind die Gifte im Bewußtsein der Öffentlichkeit als eine Folge der technischen Entwicklung des zivilen wie des militärischen Bereichs zur allgegenwärtigen Gefahr geworden, d. h. sie werden demzufolge — teils berechtigt, teils übertrieben — mehr und mehr als konkrete Bedrohung empfunden und als solche bewertet.

In unserer Zeit ist damit das Gift bzw. seine Abwesenheit zu einem Maßstab für die Qualität von Produkten und der Qualität des Lebens schlechthin geworden. In diesem Sinne beurteilt der Bürger die Güte der Artikel des täglichen Bedarfs ebenso wie den Erholungswert einer Ferienlandschaft heute sehr bewußt nach der Giftfreiheit. Entsprechende Reinheitskriterien sind auf den Verpackungen unterschiedlichster Erzeugnisse aufgedruckt und sie haben sogar inzwischen als werbewirksame Empfehlungen Eingang in die Urlaubsprospekte gefunden.

Es ist sicherlich für die Psychologen ein interessantes Thema, wie in unserer immer risikoreicheren Welt z. B. angesichts der Motorisierung gerade dieser Aspekt der Risikobewertung von Fremdstoffen als Schadstoffe so an Bedeutung gewonnen hat. (Dies ist zusätzlich auch deshalb von Interesse, weil nach wie vor die natürlichen Gifte des Pflanzen- und Tierreiches weit häufiger bei akzidentellen Ereignissen die Ursache akut verlaufender tödlicher Vergiftungen sind als die soviel beschuldigten chemisch-technischen Erzeugnisse.)

Oftmals gehen die auf toxikologische Unbedenklichkeit abzielenden Forderungen zunächst mehr auf vermutete als auf bereits bewiesene Gefahren zurück. Dies spricht natürlich nicht gegen die Notwendigkeit der Klärung und Bewertung des toxikologischen Risikos, aber allzu oft wird allein aus der Tatsache, daß eine Substanz toxikologisch zu prüfen ist, der voreilige Schluß gezogen, sie sei schon eine reale Gefahr. Hingegen werden nach wie vor zahlreiche tatsächlich gefährliche Substanzen toxikologisch nicht genügend ernst genommen, weil sie dem Chemiker und dem Techniker als „gute alte Bekannte“ lange vertraut sind. So ist es noch heute manchen Kollegen in der Industrie nur schwer verständlich zu machen, daß z. B. Benzol inzwischen als kanzerogene Substanz erkannt worden ist und daß Schwefelkohlenstoff nicht nur sehr feuergefährlich, sondern in hohem Maße als gesundheitsschädlich zu bewerten ist, wie überhaupt zahlreiche Lösemittel, mit denen man im Labor, in der Industrie und selbst im Haushalt aus alter Gewöhnung leichtfertig hantiert, sehr risikoreiche, gesundheitsgefährdende Substanzen darstellen. Noch vor wenigen Jahren wollten die einschlägigen Betriebsleiter nicht wahrhaben, daß nach jahrzehntelanger Produktion im 10 000 Tonnen-Maßstab das Vinylchlorid eine inzwischen durch Befunde am Menschen erwiesene kanzerogene Substanz ist. Die Reihe solcher Beispiele ließe sich noch erheblich erweitern.

Hinter allen diesen neuen toxikologischen Erkenntnissen stehen sehr drastische ökonomische Konsequenzen, die in manchen Fällen für den Produzenten solcher Erzeugnisse Millionenverluste bedeuten können. Wirtschaftliche Bedenken haben aber stets dann zurückzustehen, wenn es um den Schutz des arbeitenden Menschen geht; er ist der Maßstab für alle diesbezüglichen Entscheidungen, die bis hin zu vorübergehenden oder vollständigen Produktionseinstellungen für manche Erzeugnisse gehen können.

Von den Toxikologen erwartet man sowohl die Mittel und Methoden der rechtzeitigen Erkennung von Schadstoff-Gefahren als auch der Hilfe bei und dem Schutz vor Vergiftungen. Der Toxikologie wird dabei in unseren Tagen mehr und mehr eine präventive Rolle zugewiesen, indem sie nicht nur als kompetent für die

Behandlung aufgetretener Vergiftungen angesehen, sondern ebenso für die Fragen der Vermeidung von Vergiftung durch rechtzeitige Warnung und vorsorgliche Entgiftung verantwortlich gemacht wird.

Die Notwendigkeit der rechtzeitigen Warnung und vorsorglichen Entgiftung wird durchaus nicht allein mit den Gefahren *akuter* Vergiftungen in Verbindung gebracht, sondern in steigendem Maße mit der Befürchtung gesundheitlicher Spätschäden verknüpft.

Der Frage der toxikologischen Bewertung von Spätschäden sehen sich heute leider nicht nur die fachlich dafür Kompetenten gegenüber, sondern mehr und mehr nehmen sich in kapitalistischen Ländern die Journalisten dieses zugkräftigen, weil emotional so leicht „aufheizbaren" Themas an. Die einzelnen Giften angelasteten potentiellen Spätschadengefahren haben z. B. zu einer in allen Industriestaaten registrierbaren Kanzerophobie im Zusammenhang mit der „Chemisierung des Alltags" geführt. Nun ist zwar diese „Chemisierung" unseres Alltags ebenso eine Tatsache, wie der Anstieg verschiedener Krebserkrankungen; aber es ist ein sachlich nicht gerechtfertigter Umstand, daß in dieser Einseitigkeit „die Technik" oder „die Industrie" oder „die Chemie" für die Folgen einer insgesamt sich vollziehenden konsumtionellen Entwicklung pauschal als „Schuldige" an den Pranger gestellt werden. Schließlich ist der wissenschaftlich-technische Fortschritt an eine umfassende Chemisierung geknüpft.

Wir haben uns in meinem Arbeitsbereich seit über einem Jahrzehnt mit den Fragen von Spätschäden nach Einwirkung synthetischer Gifte befaßt und speziell über phosphororganische Pestizide, ihre toxizitätswandelnde Metabolisierung und über mögliche Wirkungsmechanismen beim Zustandekommen von Spätwirkungen, insbesondere kanzerogenen und mutagenen Folgen, gearbeitet. Daneben hat uns die Spätschadenproblematik auch in ihren prinzipiellen Aspekten für andere industrietoxikologisch relevante Verbindungsgruppen interessiert. Rückschauend auf diese Untersuchungen und auch auf die Resultate anderer in- und ausländischer Arbeitskreise ist festzustellen, daß es vorerst nur wenige pestizide Verbindungen gibt, für die ein beweiskräftiger Zusammenhang mit der Manifestierung von Spätschäden wirklich besteht. In der überwiegenden Mehrzahl der Fälle stellen toxikologisch relevante Spätschäden ein dermaßen multifaktorielles Geschehen dar, daß eine einfache Zuordnung, z. B. Krebs = Phosphorsäurederivat X oder Y, objektiv nicht möglich ist.

Man weiß derzeit insgesamt noch viel zu wenig über den Metabolismus wichtiger Gifte, ihre Synergismen und Antagonismen. Auch die Resorptionswege sowie damit verbundene Permeations- und Penetrationsvorgänge finden erst in jüngster Zeit die gebührende Aufmerksamkeit der Toxikologen und der Arbeitsmediziner.

In den letzten Jahren zeigt es sich auch immer deutlicher, daß für das Zustandekommen von akuten Vergiftungen und noch mehr für Spätschäden das Zusammenwirken eines Giftes mit exogenen Begleitkomponenten (z. B. synthesebedingte Nebenprodukte, Zersetzungsprodukte, Umsetzungsprodukte mit Fremdstoffen aus der Atmosphäre) und mit endogenen Produkten des Stoffwechsels ausschlaggebende Bedeutung haben kann. Damit in Verbindung spielen der enzymatische Polymorphismus und die genetische Disposition eine wesentlich größere Rolle, als in früheren Jahren zu vermuten war. Über Enzyminduktionen und repair-Prozesse ist noch vor zwanzig Jahren kaum etwas bekannt gewesen.

Angesichts einer immer perfekteren Spurenanalytik ist man heute in der Lage gegebenenfalls extrem toxische Begleitkomponenten in chemisch-technischen Produkten als Ursache für die Giftigkeit nachzuweisen, die vordem dem Hauptprodukt bzw. einer gesamten Produktgruppe angelastet wurde. Hierfür gibt es in der Gruppe der Halogenkohlenwasserstoffe, der Chlorphenole, der Phosphorsäureester und anderer Syntheseprodukte ebensolche Beispiele wie unter den Naturstoffen. Die weitere Suche nach solchen extrem toxischen Spurenkomponenten in großtechnisch bedeutsamen Produkten wird noch manche Überraschung bringen.

Aber auch bislang wenig beachtete physikalische Einflüsse — im einfachsten Falle der Einfluß der Umgebungstemperatur — bestimmen charakteristisch das Bild und den Verlauf von Vergiftungen. Damit erwiesen sich solche und weitere Faktoren auch mitbestimmend für die therapeutische Beeinflußbarkeit von Vergiftungen. Allerdings lassen sich diese Sachverhalte nicht aus chemischen Formelbildern ablesen. Viele Erwartungen, die sich an Struktur-Wirkungsstudien geknüpft haben, blieben unerfüllt, weil noch nicht einmal ausreichende Struktur-Reaktivitäts-Beziehungen erforscht werden konnten. Hier liegt vor Chemikern und Toxikologen noch ein sehr weites Feld.

Zweifellos kann der tierexperimentell tätige Onkologe mit einer großen Liste von chemisch hinreichend definierten Substanzen aufwarten, für die nach dem Ursache-Wirkungsprinzip der Zusammenhang mit der Entstehung dieses oder jenes Krebses eindeutig gegeben ist. Sicher ist es auch angebracht, wenn die WHO die tierexperimentell erwiesene Krebsentstehung durch eine chemische Verbindung als ernstzubewertendes Signal für den Umgang mit dieser Substanz bis zum Beweis der humanbiologischen Unbedenklichkeit ansieht.

Aber jeder mit biologisch-aktiven Substanzen Arbeitende weiß, wie problematisch die Übertragung tierexperimenteller Resultate auf die Verhältnisse beim Menschen, ja selbst schon einer anderen als der untersuchten Tierspezies ist, ganz abgesehen davon, daß allein schon die Wahl und die Qualität des Versuchstiermaterials auf die Untersuchungsbefunde entscheidenden Einfluß hat. Keinesfalls sollen diese Anmerkungen den Voraussagewert von Tierversuchen in Zweifel ziehen! Dies alles brauchte keine Veranlassung zu kritischen Bemerkungen zu sein, wenn nicht immer wieder Außenstehende sich in falschverstandener Zuständigkeit wissenschaftlicher Publikation der Toxikologie ebenso wie der Onkologie oder der Genetik annehmen würden, um daraus dann unzulässige Verallgemeinerungen und Bewertungen der Giftgefährdung abzuleiten, die schlicht und einfach nur noch als „Panikmache" zu bezeichnen sind.

Wenn man einmal von den Auseinandersetzungen mit irrigen Meinungen in der Öffentlichkeit absieht, so sieht sich der heutige Toxikologe — ob er nun als Kliniker tätig ist, oder ob er auf forensischem Gebiet arbeitet, oder ob ihm die Beseitigung toxischer Abprodukte in der Industrie übertragen wird — immer wieder den Anfragen der Administrative und der Legislative gegenüber, die nicht nur Hinweise auf die Ursachen eingetretener Schadensfälle, sondern auch auf die Konzentrationsbereiche von Giften haben möchten, bei denen solche Schadensfälle — akut oder verspätet — nicht zu erwarten gewesen wären bzw. nicht zu erwarten sind. Immer noch oder immer wieder seit PARACELSUS steht die Frage im Raum, wann Gifte ungiftig sind resp. bei welcher Dosis, sprich „Grenzkonzentration" kein toxikologisches Risiko mehr besteht. Hierüber gibt es auch unter den Toxikologen heftigen Disput, der einen international anerkannten Toxikologen den Begriff einer „Philosophie der Grenzwerte" prägen ließ.

Jeder damit näher Befaßte weiß, daß es absolut sichere Grenzkonzentrationen für Gifte nicht geben kann. Dies heißt, daß Angaben über Grenzkonzentrationen variabel bleiben müssen, um dem Sachverhalt zu entsprechen, daß es so etwas wie eine „toxikologische Unschärferelation" gibt, d. h. die Umstände, unter denen ein Fremdstoff im sich in seinen Strukturen permanent erneuernden Organismus zum Schadstoff wird, hängen von Zeit- und chemischen Milieubedingungen ab, über die wir — wie bereits vorstehend erwähnt — in unserer chemischen Formelsprache nur näherungsweise Auskunft erhalten können. Die in Anlehnung an die strahlenbiophysikalische „Treffertheorie" in Vorschlag gebrachte molekular-toxikologische Treffertheorie der Wirkung schon eines toxischen Moleküls am Ereignisort enthält soviel unzulässige Verallgemeinerungen, daß sie sich als unhaltbare Hypothese erwiesen hat. Die chemische „Bandbreite" der Lebensprozesse ist dergestalt, daß sich eine Reduzierung des Verständnisses auf molekulare Einzelprozesse noch stets als „Irrlicht" erwiesen hat.

Für die Beurteilung von Schadwirkungen am Menschen kommt im Zusammenhang mit der Grenzwertfestlegung noch hinzu, daß die zur Verfügung stehende klinisch-chemische Analytik ihre Befunde aus Urin-, Stuhl-, Blut- oder Liquorproben sowie Organmaterialien ableitet, die meist von Patienten stammen, welche durch gleichzeitig verabfolgte Medikamente oder parallel dazu genommene Genußmittel in nicht mehr übersehbarer Weise den Metabolismus der Giftung und Entgiftung durch weithin noch unbekannte biochemische Interaktionen beeinflußt haben.

Hieraus erwachsen der Analytik äußerst komplexe Probleme, deren Lösung nicht so sehr an hochgezüchtete, teuere Geräte gebunden ist, sondern es bedarf der Kunst der sinnvollen Kombination zuverlässiger, ausgereifter Methoden sowie des Verständnisses für die zugrunde liegenden biologischen Prozesse. Ohne hier auf die Probleme der toxikologisch-analytischen Ausstattung noch näher einzugehen, sei hier nur soviel festgestellt, daß die damit verknüpften Fragen nicht allein durch universell ausgestattete methodisch-diagnostische Zentren gelöst werden können, sondern sie bedürfen eines speziell ausgebildeten Teams mit spezifischer Ausrüstung und der Bereitschaft, analytische Probleme von der Probenahme, über die Aufbereitung, Derivatisierung und Bestimmung bis hin zur Auswertung und der Mithilfe bei der biologischen Bewertung zu lösen.

Einer der unbestreitbar großen Vorteile der *chemischen Toxikologie* besteht darin, daß ungeachtet der Unschärfen in der Grenzziehung von Wirkungsmengen und Wirkungsqualitäten sich die Reaktionswege einer toxikologisch relevanten Verbindung mit dem Methodenspektrum der modernen Chemie und Radiobiochemie befriedigend gut verfolgen lassen und daß für die Praxis der technischen Entgiftung eine sehr konkrete und überschaubare Chemie existiert.

Angesichts unserer umwelttoxikologischen Gesamtsituation kommt es darauf an, statt über eine Dezimale bei den Grenzwerten zu philosophieren, lieber das heute bereits technisch Machbare der Schadstoffreduzierung ohne Umschweife in Angriff zu nehmen — natürlich auch unter langfristig verstandener Beachtung der toxikologisch relevanten Sekundärprozesse, die mit zu entgiftenden Abprodukten und Deponiematerialien verbunden sein können. Für den mit solchen Entgiftungs- und Deponieproblemen befaßten Chemiker hat das Grenzwertproblem demzufolge eine andere Dimension. Er muß Reaktionsbedingungen für die Beseitigung von Giften schaffen, die gewährleisten, daß mit einer kompletten chemischen Wandlung des Giftes die Grenzwertfestlegungen gegenstandslos werden.

Wie die Ärzte mit voller Berechtigung sagen, daß Gesundheit zwar nicht alles, aber ohne Gesundheit alles nichts ist, so kann der chemische Toxikologe nicht umhin, darauf aufmerksam zu machen, daß zwar die Entgiftung nicht alle Umweltprobleme löst, aber eine immer mehr vergiftete Umwelt die Probleme der nachfolgenden Generation auf recht makabere Weise lösen würde.

Am Rande sei hier noch auf eine außerordentlich wichtige Ergänzung für alle umwelttoxikologischen Fragestellungen wenigstens hingewiesen. Es betrifft dies die seitens der Medizin dringend auszubauende Epidemiologie der Vergiftungen. Während es für eine Reihe sozialmedizinisch wichtiger Erkrankungen bereits wertvolle epidemiologische Erhebungen bzw. Erfassungen gibt, fehlt es bisher an einem Ausbau derartiger Erhebungen für alle akuten und verzögert auftretenden Vergiftungen unterschiedlichster Ursache und der Art und Weise des Vergiftungsverlaufs, einschließlich der Nachsorge bzw. Nachbeobachtungen. Wesentliche Erkenntnisse gehen dadurch zur Zeit noch verloren, die für die umwelttoxikologische Bewertung sowie für arbeits- und sozialmedizinische Fragestellungen in der Industrie und Landwirtschaft von hohem Aussagewert sein können.

Um es abschließend noch einmal deutlich zu sagen: der Toxikologie von heute geht es zwar durchaus um die möglichst weitgehende Aufklärung der Wirkungen dieses und jenes Giftes unter exakt definierbaren Bedingungen bis hin zu den Grenzkonzentrationen solcher Wirkungen, aber vorrangig muß heute die Toxikologie dort zur Veränderung der Situation beitragen, wo dies mit den vorliegenden Kenntnissen bereits machbar ist.

Verkennen wir jedoch nicht, daß „das Machbare" bis hinein in die Veränderungen der Verhaltensweise jedes Mitbürgers reicht! Den Anteil, den jeder einzelne am Zustandekommen des multifaktoriellen Geschehens akuter und erst recht der verspätet auftretenden Schädigungen hat, ist offenkundig, aber man ändert viel leichter technische Verfahren und industrielle Prozesse als die Verhaltensweise der Menschen! Angesichts der genüßlichen Selbstvergiftung mit erwiesenen Schadstoffkombinationen gerät die Grenzwertdiskussion über industrielle Schadstoffe in Gefahr, zur Farce zu werden. Wir sind daher nicht nur als Naturwissenschaftler, als Mediziner und als Techniker aufgerufen, unsere fachspezifischen Beiträge zur Bewältigung der Schadstoffproblematik zu leisten, sondern es betrifft uns dieser Fragenkreis auch als bewußt handelnde Mitglieder der sozialistischen Gesellschaft, die mit Recht den Anspruch erhebt, neue, dem Menschen gemäßere Wege in die Zukunft zu bahnen.

Mögen diese einführenden Darlegungen in die Thematik unserer Klassensitzung nicht als Klage über die Mühen der Veränderungen, sondern als ein Bekenntnis zum Veränderbaren verstanden werden!

Literatur

Andere Beiträge des Verfassers zu diesen und verwandten Fragen:

[1] Lohs, Kh.: Aktuelle Probleme der chemischen Toxikologie. Sitzungsberichte der AdW der DDR, Nr. 15/1973, Berlin 1974, S. 29–42.

[2] Lohs, Kh.: Zur Entwicklung der chemischen Toxikologie. Mitt.blatt d. Chem. Gesell. d. DDR, **20** (1973), H. 12, S. 260–262.

[3] Lohs, Kh. u. Rolle, W.: Zur Ausbreitung von Schadstoffen in der Atmosphäre und zu einigen Voraussetzungen für dabei mögliche chemische Reaktionen. Chem. Technik **25** (1973, H. 12, S. 713–718.

[4] Lohs, Kh. u. Gibel, W.: Einige aktuelle Fragen zur umwelttoxikologischen Bewertung von Schadstoffen in der Atmosphäre. Sitzungsberichte der AdW der DDR, 2 N/ 1978, Berlin 1978, S. 63–67.

[5] Keil, G. u. Lohs, Kh.: Die Bedeutung der Chemie für den wissenschaftlich-technischen Fortschritt. Z. Chem. **16** (1976) H. 5, 169–172.

T. Schramm, B. Teichmann

Möglichkeiten und Grenzen der Bewertung chemischer Kanzerogene

Im Rahmen der gegenwärtigen „Möglichkeiten und Grenzen der Schadstoffbewertung unter besonderer Berücksichtigung von Produkten und Abprodukten der chemischen Industrie" gibt es hinsichtlich der Bewertung kanzerogener Wirkungen chemischer Verbindungen einige Besonderheiten. Darauf soll im folgenden Beitrage näher eingegangen werden, damit die abschließenden Bemerkungen zur Frage „Grenzdosen und Grenzwerte für chemische Kanzerogene" in eben diesen Zusammenhängen betrachtet werden können.

Wenn wir von kanzerogenen Wirkungen chemischer Verbindungen sprechen, dann verstehen wir darunter, daß als Folge von Behandlung mit bzw. von Exposition gegenüber einer bestimmten chemischen Noxe bzw. eines Noxengemisches Tumoren entstehen. Diese Wirkung hängt sowohl von der Struktur der betreffenden Verbindung ab, aber vor allem auch — und dies wurde in der Vergangenheit oftmals unterschätzt — vom Reaktionsvermögen und von der Reaktionsbereitschaft des betroffenen Organismus gegenüber dieser Verbindung. Dies gilt für Vertebraten einschließlich Mensch, und wenn man chemische Kanzerogene in diesem umfassenden Sinne betrachtet, beträgt ihre derzeit bekannte Anzahl etwa 2000 [1].

Die in vielen Fällen nachgewiesene unterschiedliche Biotransformation der als Präkanzerogene bezeichneten Ausgangssubstanzen zu ihren Wirkformen (ultimale Kanzerogene) bzw. zu nicht-kanzerogenen Metaboliten bei verschiedenen Spezies, bei Tieren verschiedener Stämme ein und derselben Spezies, bei verschiedenen Individuen, bei Angehörigen verschiedener Altersgruppen sowie bei Vertretern der beiden Geschlechter können die Bewertung möglicher Risiken durch kanzerogene Verbindungen mitunter erheblich erschweren. Wird dies nicht beachtet, so kann es zu völliger Fehleinschätzung des tatsächlichen Risikos vor allem für den Menschen kommen, wie es das Beispiel der unterschiedlichen Wirkung des β-Naphthylamins bei verschiedenen Spezies gezeigt hat.

Beispiel für unterschiedliche Reaktionen verschiedener Spezies auf Einwirkung von β-Naphthylamin (Tabelle 1).

Dieses Beispiel macht deutlich, daß eigentlich korrekterweise nicht allgemein von kanzerogener Wirkung gesprochen werden sollte, sondern genauer (sofern entsprechende Daten vorliegen), daß kanzerogene Wirkungen z. B. nachgewiesen worden sind für Maus, Ratte, ... Goldhamster, ... Rhesusaffe, ... Mensch.

Tabelle 1

Spezies	Wirkung
Mensch Hund Rhesusaffe Goldhamster (nur bei hoher Dosierung)	Karzinome der Harnblase
Maus (nur manche Stämme)	Erhöhung der Quote an „spontanen" Lebertumoren
Ratte Kaninchen	Resultate nicht eindeutig, kanzerogene Wirkung bei diesen Spezies fraglich

Weil es aus verschiedenen Gründen, auf die in diesem Zusammenhange nicht näher eingegangen werden kann, meist sehr schwierig, oftmals sogar unmöglich sein dürfte, eindeutige kausale Beziehungen zwischen der Einwirkung kanzerogener Noxen und Krebserkrankungen des Menschen abzuleiten — sofern man dabei nicht speziell an einige Kanzerogene aus der Arbeitsumwelt denkt — halten wir eine mitunter auch in der Literatur anzutreffende Differenzierung zwischen „animal carcinogens" und „human carcinogens" als wissenschaftlich nicht begründbar [2].

Solche und weitere Schwierigkeiten bei der Bewertung möglicher Risiken durch chemische Kanzerogene waren für die IARC/WHO der Anlaß dafür, seit 1972 durch Expertengruppen den Versuch unternehmen zu lassen, die kanzerogenen Risiken für den Menschen für nach bestimmten Kriterien ausgewählte, jedoch möglichst viele chemische Verbindungen einschätzen zu lassen. Die hierbei erzielten Ergebnisse, inzwischen in 15 Monographien unter dem Titel „Evaluation of carcinogenic risk of chemicals to man" niedergelegt [3], machen deutlich, wie wenig wirklich verläßliche (kasuistische und epidemiologische) Daten bisher vorliegen. Die Frage nach dem definitiven Risiko für den Menschen konnte in den meisten Fällen nicht beantwortet werden. Dies drückt sich in den dort sehr häufig gebrauchten Formulierungen „no data", „no data available" bzw. „no relevant data" aus. Dies zwingt dazu — und wir befinden uns hierbei in Übereinstimmung mit der Ansicht von WHO-Expertengruppen —, eine chemische Verbindung, deren kanzerogene Wirkungen im Tierexperiment nachgewiesen wurden, zumindest bis zum Nachweis des Gegenteils, als potentiell kanzerogen für den Menschen zu betrachten und daraus entsprechende Konsequenzen zu ziehen [4].

Unterschätzung bzw. Mißachtung dieser Zusammenhänge haben, wie folgende Beispiele zeigen, in der Vergangenheit ernste Konsequenzen gehabt, weil infolge Ignorierens tierexperimenteller Befunde erst nach dem Bekanntwerden von Krebserkankungen beim Menschen entspechende Maßnahmen getroffen wurden.

Tabelle 2

Name der Verbindung	Kanzerogenität tierexperimentell nachgewiesen	Nachweis kausaler Beziehungen zwischen Noxeneinwirkung und Tumorentstehung beim Menschen
Stilböstrol	1941	1970
Bis(Chlormethyl)äther	1968	1973
Vinylchlorid	1970	1974

Wie bereits eingangs kurz angedeutet wurde, sind die Möglichkeiten hinsichtlich der Bewertung der durch chemische Kanzerogene verursachten Risiken zusätzlich erschwert und z. T. limitiert, weil eine Vielzahl endogener und exogener Faktoren in jedem Einzelfall die Prozesse der Kanzerisierung und der Tumorentstehung in verschiedenster Weise modifizieren können (von der auch für den Menschen im Prinzip bewiesenen Möglichkeit der transplazentaren Wirkung chemischer Kanzerogene ganz abgesehen). Dies führt u. a. dazu, daß bei Prüfungen chemischer Verbindungen auf kanzerogene Wirkungen neben eindeutig, d. h. statistisch gesicherten, positiven Befunden und — zumindest unter den konkreten Versuchsbedingungen — negativen Resultaten, die Frage nach der Kanzerogenität für einige Verbindungen jedenfalls bisher nicht befriedigend geklärt werden konnte. Dies ist auch anzutreffen, wenn die Experimente exakt und unter reproduzierbaren Bedingungen durchgeführt wurden. Weil zu dieser „Grauzone“ auch einige besonders wichtige Verbindungen zählen, für die folglich unklar ist, ob sie als „schwache“ Kanzerogene anzusehen sind oder nicht, weisen wir auf dieses Problem besonders hin.

Ohne näher darauf eingehen zu können, sei zumindest erwähnt, daß es bis jetzt keine Methoden gibt, die Kanzerogenität einer chemischen Verbindung unter Umgehung des Langzeit-Tierversuches und/oder unter Verzicht auf epidemiologische und klinische Beobachtungen zu ermitteln. Die seit einigen Jahren, gelegentlich auch in der Literatur unter der irreführenden Bezeichnung „Schnelltests auf Kanzerogenität“ beschriebenen Screening-Methoden erfüllen diese Voraussetzung nicht. Sie basieren auf reproduzierbar meßbaren Wirkungen kanzerogener Substanzen an Testobjekten. Diese Wirkungen korrelieren mehr oder weniger mit der Eigenschaft der kanzerogenen Verbindungen, in vivo Tumoren zu verursachen, dem einzigen Kriterium zum Nachweis *kanzerogener* Wirkungen. Der Fortschritt, der mit Hilfe solcher Kurzzeit-Tests bisher erzielt werden konnte und sicherlich noch verstärkt erzielt werden wird, liegt vor allem darin, daß auf diese Weise Vorprüfungen und Vorbewertungen vor allem neu entwickelter Produkte möglich werden. Entsprechend den erzielten Ergebnissen resultiert dann die Notwendigkeit einer gründlichen Prüfung im Langzeit-Tiersuch bzw. man wird sich dazu entschließen, auf solche Prüfungen zu verzichten [6].

Bevor wir die Fragen Grenzdosen und Grenzwerte für Kanzerogene erörtern, sei noch ein weiteres Problem angesprochen, das bei der Bewertung chemischer Kanzerogene in der Vergangenheit — wie andere auch — gleichfalls unterschätzt worden ist. Es gibt nämlich viele Gründe, die dafür sprechen, daß sogenannte solitärkanzerogene Wirkungen speziell beim Menschen die Ausnahme und nicht die Regel bilden, und daß sogenannte synkanzerogene Effekte bei weitem überwiegen. Dies gilt für das Zusammenwirken kanzerogener Verbindungen mit Noxen und Faktoren anderer, unterschiedlichster Qualität.

Trotz dieser zahlreichen ungelösten Probleme und offenen Fragen kann davon ausgegangen werden, daß jegliche Verringerung der Exposition gegenüber chemischen Kanzerogenen das Krebsrisiko für den einzelnen verringert. Angesichts der z. T. noch beträchtlichen Schwierigkeiten bei der qualitativen Bewertung kanzerogener Wirkungen, speziell hinsichtlich der Extrapolation tierexperimenteller Daten auf den Menschen, können z. Z. noch keine unbedenklichen Grenzwerte (etwa im Sinne von MAK-Werten) für chemische Kanzerogene begründet werden. Bemühungen in dieser Richtung hat es, nicht zuletzt angesichts der großen praktischen Bedeutung dieser Fragen, während der letzten Jahre gelegentlich gegeben. Zur Frage, ob Grenzdosen für kanzerogene Wirkungen existieren oder nicht, findet man in der Literatur voneinander abweichende Antworten. 1974 beantwortete eine Expertengruppe der WHO aus der Sicht der Toxikologie, und zwar auf den Organismus als Ganzes bezogen, die Frage, ob Grenzdosen für Kanzerogene existieren, wie folgt: „Jeder Organismus besitzt eine begrenzte Lebenserwartung, und in diesem Sinne gibt es für jedes Individuum eine tatsächliche Grenzdosis“ [7]. Mit anderen Worten: Eine praktische Grenzdosis wäre derjenige Expositionsgrad bzw. Dosisbereich, unterhalb dessen die Latenzzeit (bis zum klinischen Nachweis einer Krebserkrankung) die normale Lebenserwartung übersteigt.

Leider gibt es in dieser Hinsicht für den Menschen nur ganz wenige Daten, aus denen retrospektiv Dosis-Wirkung-Beziehungen für Kanzerogene abgeleitet werden können, wohingegen im Tierexperiment für zahlreiche Verbindungen eindeutige Dosis-Wirkung-Beziehungen erarbeitet werden konnten. Die Gründe für das Fehlen solcher Daten sehen wir in Folgendem: Mangel an geeigneten Nachweismethoden und Überwachungssystemen, meist unüberwindliche Schwierigkeiten im Falle von Krebserkrankungen, diese retrospektiv auf die Einwirkung einer Noxe zurückzuführen und das Ausmaß der — mitunter mehrere Jahrzehnte zurückliegenden — Exposition einzuschätzen, Vielfalt und Vielzahl modifizierender kanzerogener und anderer modifizierender Faktoren (und zwar im Unterschied zum Tierexperiment, das unter Standardbedingungen durchgeführt wird), Heterogenität der menschlichen Population und große Variabilität zwischen den Individuen hinsichtlich ihrer Reaktion gegenüber Kanzerogenen.

Auf Grund dieser Situation spricht man in jüngster Zeit häufiger von „socially acceptable levels of risk“. Hierbei kommt es darauf an, mögliche individuelle Risiken und gesellschaftlichen Nutzen sehr sorgfältig gegeneinander abzuwägen und gleichzeitig alles zu tun, um die Belastung jedes Individuums durch chemische Kanzerogene so gering wie möglich zu halten, ohne unrealistische Positionen zu beziehen.

Sofern man sich dazu entschließt, gewisse Richtwerte (wie immer man diese bezeichnet) für Kanzerogene mit dem Ziel ihrer Verringerung, z. B. in der Arbeitsumwelt, festzusetzen, muß dabei bedacht werden, daß derartige Werte — jedenfalls zum gegenwärtigen Zeitpunkt — wissenschaftlich nicht begründet werden können, und zwar im Sinne von kanzerogen wirksamen bzw. unwirksamen Grenzdosen. Welche Termini für solche gebraucht werden, ist unerheblich, sofern die hier erwähnten Forderungen erfüllt werden. Trotz unbestreitbarer Vorteile solcher Werte wäre ihre Einhaltung folglich nicht gleichbedeutend mit „kein Krebsrisiko".

Beginnen sollte man dort, wo durch ökonomisch vertretbaren Aufwand ein möglichst großer Nutzeffekt — im Sinne des Gesundheitsschutzes — erwartet, zumindest jedoch erhofft werden kann [8].

Literatur

[1] Teichmann, B., Schramm, T.: Substanzen mit kanzerogener Wirkung (2. Ausgabe). Arch. Geschwulstf. **46** (1976) 146—149.

[2] Schramm, T., Teichmann, B.: Kanzerogen für den Menschen? Zschr. ges. Hyg. Grenzgebiete **23** (1977) 847—850.

[3] IARC Monographs on the Evaluation of Carcinogenic Risk of Chemicals to Man. Vol. 1—15 IARC/WHO, Lyon 1972—1977.

[4] WHO Scientific Group on Environmental Health Criteria, Geneva 22—26 November 1976.

[5] Tomatis, L.: The IARC program on the evalution of the carcinogenic risk of chemicals to man. Ann. New York Acad. Sci. **271** (1976) 396—409.

[6] Schramm, T., Teichmann, B., Butschak, G.: Kurzzeit-Tests als eine Stufe im Rahmen der Prüfung von Substanzen auf kanzerogene Wirkungen. Arch. Geschwulstf. **47** (1977) 567—580.

[7] WHO Technical Report Series 546, Geneva 1974, 1—19.

[8] Schramm, T., Teichmann, B.: Zur Problematik von Grenzwerten für chemische Kanzerogene. Dt. Gesundh.-Wes. **32** (1977) 940—945.

P. Schmidt

MAK-Werte und biologische Grenzwerte als Beitrag der Industrietoxikologie zur Bewertung von Schadstoffen in der Produktion

Der Schutz Werktätiger vor gesundheitsgefährdenden Substanzen am Arbeitsplatz ist möglich durch:

- Begrenzung des Schadstoffgehaltes in der Umwelt auf ein biologisch vertretbares Maß,
- Einschränkung der Expositionsdauer,
- Anwendung von Körperschutzmitteln und
- Fernbedienung von Produktionsanlagen.

Das erste Prinzip hat gegenwärtig die größte Bedeutung. In den meisten Fällen ermöglicht es konstruktive Kompromisse zwischen medizinischen Forderungen und technisch-ökonomischen Gegebenheiten. Die Fernbedienung von Anlagen, optimal aus arbeitsmedizinischer Sicht, läßt sich dahingegen heute und auf absehbare Zeit für die Mehrzahl der Werktätigen nicht realisieren. Die beiden anderen Prinzipien fanden Eingang in den Arbeitsschutz, bieten aber der Kritik manchen Angriffspunkt. So ist für die meisten chemischen Substanzen nicht geklärt, in welchem Maße verkürzte Expositionszeiten die Einwirkung unzulässig hoher Schadstoffkonzentrationen kompensieren können. Generell kommt der c · t-Regel nur beschränkte Gültigkeit zu. Durch eine breite Anwendung von Expositionszeitbeschränkungen entstünden sicher auch bald Arbeitskräfteprobleme. Die vergleichsweise billigen und weit verbreiteten Körperschutzmittel halten zwar Schadstoffe vom Organismus fern, vielfach stellt aber ihre Benutzung selbst eine Arbeitserschwernis dar.

Der vorliegende Beitrag geht nur auf die mit arbeitshygienischen Grenzwerten für chemische Substanzen verbundenen Probleme und nicht auf andere Aspekte des Schutzes vor Schadstoffen am Arbeitsplatz ein.

Mit der vom Gesundheitswesen erhobenen Forderung nach Begrenzung der Schadstoffgehalte in der beruflichen Umwelt auf ein biologisch vertretbares Maß wird zugleich der Toxikologie die Aufgabe gestellt, für alle industriell genutzten Substanzen Kriterien anzugeben, die eine Bewertung und zielstrebige Einschränkung des expositionellen Risikos bei der Handhabung chemischer Verbindungen am Arbeitsplatz ermöglichen. Hierfür bieten sich gegenwärtig an:

- Höchstzulässige Konzentrationen — sog. maximale Arbeitsplatzkonzentrationen (MAK-Werte)[1] — chemischer Stoffe in der Raumluft.
- Biologische Grenzwerte, d. h. höchstzulässige Konzentrationen chemischer Substanzen oder charakteristischer Metabolite im Organismus (Blut, Gewebe) oder in seinen Ausscheidungen (Urin, Speichel).

MAK-Werte

Definitionsgemäß handelt es sich beim MAK-Wert um die Konzentration einer Substanz, die bei täglich bis zu 8stündiger Einwirkung im Laufe eines ganzen Berufslebens keine durch geeignete Untersuchungsmethoden nachweisbaren Erkrankungen oder andere Abweichungen im Gesundheitszustand verursacht. Dabei sollen Störungen beim Exponierten weder während der Arbeit oder später noch bei seiner Nachkommenschaft auftreten.

Das Verfahren für die Ermittlung höchstzulässiger Konzentrationen chemischer Substanzen in der Luft der Arbeitszone gliedert sich in drei Etappen (Abb. 1).

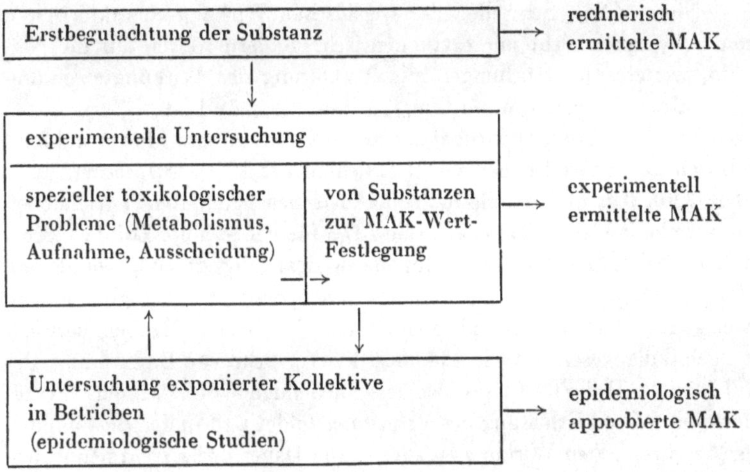

Abb. 1 Ermittlung zulässiger Höchstkonzentrationen chemischer Substanzen in der Luft der Arbeitszone (MAK-Werte)

Im Laufe der *Erstbegutachtung einer Substanz* werden an Hand einiger experimenteller Daten (akute Toxizität) und physikalisch-chemischer Konstanten die Toxizität und Gefährlichkeit des Stoffes näherungsweise eingeschätzt, Angaben zur mutmaßlichen Höhe des MAK-Wertes (rechnerisch ermittelte MAK) und zu wahrscheinlich notwendigen Arbeitsschutzmaßnahmen gemacht sowie Entscheidungen über den Fortgang der experimentellen Untersuchungen getroffen. Vermerkt werden muß, daß es bisher keine anerkannten Vorschriften zur Auswahl chemischer Substanzen für industrietoxikologische Untersuchungen gibt.

Die weitere toxikologische Ausprüfung der Substanz führt zum *tierexperimentell ermittelten MAK-Wert.* Man bestimmt zunächst die *inhalative* LC_{50} (letale Konzentration für 50% der einmalig beatmeten Tiere [Ratten 4, Mäuse 2 Stunden]), die *perkutane* LD_{50} und, falls nicht schon bei der Erstbegutachtung geschehen, die *orale* LD_{50} (letale Dosis für 50% der einmalig behandelten Tiere). Dabei beobachtete Intoxikationssymptome weisen auf die Wirkungsqualitäten der Substanz hin. In Versuchen mit subletalen Dosen werden sie genauer beschrieben (hepato-, hämato-, neurotoxische Effekte usw.). Dieser mehr qualitativen Charakterisierung des Stoffes schließt sich die Ermittlung von *Schwellen der akuten Wirkung* an. Festzustellen sind Konzentrationen oder Dosen der Substanz, die nach einmaliger Zufuhr eben eine biologisch unerwünschte Reaktion auslösen. Man unterscheidet die *Schwelle der akuten integralen Wirkung* — $Lim_{ac.int.}$ —, hier werden komplexe unspezifische Antworten des Organismus auf den Schadstoff berücksichtigt (Körpergewicht, Kerntemperatur, lokomotorische Aktivität usw.), von der *Schwelle der akuten spezifischen Wirkung* — $Lim_{ac.spec.}$ —, für die substanzspezifische Effekte ausschlaggebend sind (z. B. Blei — Blutbildung, Tetrachlorkohlenstoff — Leber, Quecksilber — Niere, ZNS). Schwellen der spezifischen Wirkung charakterisieren die jeweiligen Substanzen nicht nur toxikometrisch, sondern weisen auf die Notwendigkeit hin, weitere Untersuchungen zur Aufklärung der Wirkungseigentümlichkeiten des Stoffes anzusetzen, wenn $Lim_{ac.int.}/Lim_{ac.spec:} > 1$ ist.

Im weiteren werden *Kumulationskoeffizienten* (K) bestimmt. Man verabfolgt täglich oral Dosen der Substanz, die einem Bruchteil der LD_{50} entsprechen (z. B. 1/5, 1/10 oder 1/20). Aus den jeweils bis zum Absterben benötigten individuellen Gesamtdosen aller behandelten Tiere wird die LD_{50} für wiederholte Zufuhr errechnet und zur LD_{50} bei einmaliger Schadstoffgabe in Beziehung gesetzt, womit man K erhält ($LD_{50(n)}/LD_{50(1)} = K$). Der Kumulationskoeffizient ist um so größer (kleiner), je besser (schlechter) der Organismus wiederholte Schadstoffgaben verträgt. Seine Höhe beeinflußt wesentlich die Planung der Versuche zur Bestimmung der chronischen Toxizität. Das Ziel dieses sich anschließenden Untersuchungsschrittes besteht in der qualitativen Erfassung des Vergiftungsbildes und in der Bestimmung der *Schwelle der chronischen Wirkung* — Lim_{ch}. Die Dauer der Experimente richtet sich nach dem mittleren Lebensalter der gewählten Spezies, Ratten bleiben 4—6 Monate im Versuch. Gewöhnlich werden drei, um Faktoren zwischen 5—10 unterschiedene Konzentrationsstufen in die Studien einbezogen.

Von der Lim_{ch} gelangt man nach

$$\frac{Lim_{ch}}{S} = MAK$$

zum tierexperimentell ermittelten MAK-Wert. S ist ein *Sicherheitsfaktor*, der im Tierversuch nicht erkannte Risiken des Umgangs mit der Substanz eliminieren soll (z. B. Speziesdifferenzen, Irrtümer bei der Schwellenbestimmung). Er wird im allgemeinen proportional zur Toxizität und umgekehrt proportional zum Kumulationskoeffizienten festgelegt (meist < 10), fällt aber auch größer aus, wenn die

Substanz deutliche spezifische Effekte zeigt (z. B. Spätwirkungen wie Embryotoxizität und Mutagenität). Eine durchweg objektive Verfahrensweise zur Ermittlung von S ist nicht bekannt.

Die hier angedeuteten Schwierigkeiten der Übertragung von Schlußfolgerungen aus tierexperimentellen Untersuchungen auf den Menschen dürfen nicht zu einer Abwertung des Tierexperiments führen. Der Tierversuch ist für die Ermittlung von MAK-Werten neuer Substanzen nach wie vor unentbehrlich.

Wenn irgend möglich, sollte die Richtigkeit des tierexperimentell ermittelten MAK-Wertes an Personen überprüft werden, die am Arbeitsplatz der Einwirkung des Schadstoffes ausgesetzt sind. Vielfach stehen dieser *epidemiologischen Approbation eines MAK-Wertes* allerdings Hemmnisse entgegen, die nicht oder nur schwer zu überwinden sind. So ist der Umfang der exponierten Populationen oft zu gering, die Konzentrationen der Substanzen am Arbeitsplatz liegen vielfach nicht im Bereich der vorgeschlagenen Grenzwerte, es treten andere, ähnlich wirkende Stoffe in der Raumluft auf oder geeignete Vergleichsgruppen fehlen — um nur einige der vielen möglichen Schwierigkeiten zu nennen. Meistens vergehen Jahre internationaler epidemiologischer Zusammenarbeit, ehe tierexperimentell ermittelte MAK-Werte bestätigt oder abgelehnt werden können, und viele vorläufige Grenzwerte gelangen nie bis zur Etappe der epidemiologischen Approbation, weil die genannten Hindernisse unüberwindbar bleiben. Gerade hier zeigt sich wieder, wie wichtig der Tierversuch für die Begründung von Arbeitsschutzmaßnahmen ist. Andererseits wird deutlich, daß alles getan werden muß, um epidemiologische Informationen über schadstoffexponierte Werktätige zu erhalten. Die DDR z. B. reorganisiert gegenwärtig ihr System der betriebsärztlichen Überwachungstätigkeit. Dabei wird besonderer Wert darauf gelegt, daß anfallende arbeitshygienische und arbeitsmedizinische Daten auch für die Approbation von Grenzwerten genutzt werden können.

MAK-Werte haben große arbeitshygienische und arbeitsmedizinische Bedeutung:

Sie sind Vorgaben des Gesundheitswesens an den Projektanten neuer Betriebe, damit bereits im Entwicklungslabor und im Konstruktionsbüro der Arbeitsschutz voll in neue Technologien eingeht.

Sie haben einen zutiefst prophylaktischen Charakter, weil sie es ermöglichen, die Arbeitsumwelt frei von Gesundheitsgefährdungen zu gestalten.

Sie erlauben eine objektive Bewertung bestehender Raumluftverunreinigungen durch Schadstoffe.

Natürlich haften den MAK-Werten auch Mängel an — selbst wenn man davon absieht, daß ihre fachlichen Begründungen ungenügend sein können.

Sie erlauben nur die Bewertung der Raumluftverhältnisse. Obwohl der inhalativen Schadstoffaufnahme im Berufsleben die größte Bedeutung zukommt, darf die perkutane Resorption nicht unbeachtet bleiben (Substanzen mit geringer Flüchtigkeit) und bei Nichtbefolgung allgemeiner Hygieneregeln kann es auch zur oralen Aufnahme von Substanzen kommen (Essen, Trinken, Rauchen). Je nach dem Wirken von Zusatzfaktoren (erhöhte Umgebungstemperaturen, gesteigerte körperliche

Aktivität) schwanken bei ein und derselben aktuellen Schadstoffkonzentration in der Raumluft die inhalativ resorbierten Substanzmengen von Individuum zu Individuum erheblich. Schließlich gibt der mit dem MAK-Wert zu vergleichende aktuelle Meßwert die tatsächliche Konzentration der Noxe in der Raumluft nur mit einer gewissen Wahrscheinlichkeit richtig wieder, da die Anzahl der Messungen notwendig begrenzt bleiben muß, die Schadstoffkonzentrationen in Raum und Zeit aber sehr starken Schwankungen unterliegen. Um diesem Mangel zu begegnen, wurden Probenahmestrategien unter Zuhilfenahme der mathematischen Statistik entwickelt. Außerdem werden nach Möglichkeit zwei höchstzulässige Konzentrationen für eine Substanz angegeben:

ein MAK_K-Wert — er limitiert kurzfristig zulässige Überschreitungen des MAK_D-Wertes (K = Kurzzeit);

ein MAK_D-Wert — er gibt die zulässige mittlere Konzentration des Schadstoffes am Arbeitsplatz an (D = Durchschnitt).

MAK_D-Werte sind für solche Stoffe toxikologisch vertretbar, die bei geringer akuter Toxizität deutlich kumulativ wirken.

Die genannten Unzulänglichkeiten schmälern natürlich nicht die große Bedeutung der MAK-Werte für den Arbeitsschutz beim Umgang mit chemischen Substanzen. Sie wurden angeführt, um vor einem kritiklosen Gebrauch der Werte zu warnen. Einige der Mängel lassen sich durch den Einsatz biologischer Grenzwerte beheben.

MAK-Werte sind in der DDR, wie auch in anderen sozialistischen Staaten, gesetzlich verbindlich. Die TGL 22310 Bl. 1, „Arbeitshygiene — Zulässige Konzentrationen gesundheitsschädlicher Stoffe in der Luft am Arbeitsplatz, Begriffe und Grenzwerte —" enthält dabei die national festgelegten Werte, während die TGL 32600/01 ff. — Arbeitshygiene; maximal zulässige Konzentrationen gesundheitsgefährdender Stoffe in der Luft der Arbeitszone, Begriffe, allgemeine Forderungen — die mit der UdSSR vereinheitlichten Normen umfaßt.

Biologische Grenzwerte

Biologische Grenzwerte können dann angegeben werden, wenn der Gehalt eines Schadstoffes oder eines (mehrerer) seiner Metaboliten in der Analytik zugänglichen Körperbestandteilen (Blut, Gewebe) oder in Ausscheidungen (Urin, Speichel) in fester und bekannter Beziehung zur vom Organismus pro Zeiteinheit aufgenommenen Schadstoffgesamtmenge steht. Die biologische Bedeutung der dem Grenzwert entsprechenden Konzentration muß bekannt sein.

Der große Vorzug biologischer Grenzwerte besteht darin, daß sie eine Bewertung der Schadstoffgesamtbelastung (Lunge, Haut, Magen-Darm-Kanal) des Individuums ermöglichen. Mit den im *biologischen Expositionstest* gemessenen Noxen- oder Metabolitenmengen mußte sich der Organismus tatsächlich auseinandersetzen. Bei einer Reihe von Stoffen, vor allem solchen, die gut über die Haut aufgenommen werden und gleichzeitig eine geringe Flüchtigkeit besitzen, läßt sich durch Vergleich der im biologischen Expositionstest gemessenen Ausscheidung mit dem biologischen Grenzwert die Belastung am Arbeitsplatz derzeit sogar besser bewerten als durch Schadstoffkontrolle in der Raumluft und Vergleich mit den MAK-Werten.

Die Beurteilung chemischer Expositionen an Hand biologischer Grenzwerte ist allerdings auch nicht frei von Nachteilen. Grundsätzlich erfaßt man im biologischen Expositionstest die Belastung des Werktätigen im nachhinein. Biologische Grenzwerte können deshalb nur für solche Stoffe angegeben werden, die eine geringe akute Toxizität und eine deutliche kumulative Wirkung haben. So läßt sich das gesundheitliche Risiko beim Umgang mit Blei gut durch Kontrolle des Blutbleispiegels beurteilen. Selbst stärkere Erhöhungen der Bleikonzentration in der Raumluft können nicht zu Schäden führen, wenn nur die Gesamtbelastung des Organismus innerhalb eines gegebenen Zeitraumes gleich bleibt. Dahingegen ließe sich eine berufliche Cyanwasserstoffexposition nicht über den Rhodanidspiegel im Blut bewerten, weil selbst kurzfristige stärkere Anstiege der HCN-Konzentration in der Raumluft schwerwiegende Folgen haben können. Ein weiterer mit der Anwendung biologischer Grenzwerte verbundener Nachteil ist darin zu sehen, daß die eingangs erwähnten festen Beziehungen zwischen Schadstoffaufnahme und Metabolitenausscheidung durch andere Umweltfaktoren (Enzyminduktoren, Äthanol) gestört werden können. Hier müssen von der experimentellen Kombinationsforschung, auch in Zusammenarbeit mit der Arzneimitteltoxikologie sowie der Kommunal- und Lebensmittelhygiene, noch zahlreiche Fragen geklärt werden.

Im Gegensatz zu MAK-Werten wurden biologische Grenzwerte bisher nicht in gesetzliche Vorschriften der Arbeitshygiene aufgenommen. Sicher gibt es dafür eine Reihe von Gründen. Der wichtigste dürfte sein, daß MAK-Werte Umweltqualitätskriterien darstellen, deren Einhaltung unabhängig vom Werktätigen geprüft werden kann. Biologische Grenzwerte hingegen lassen eine Bewertung des Expositionsrisikos erst nach Kontakt mit der Noxe zu. Das gibt ihnen, so zweckmäßig sie in vielen Fällen für die Beurteilung der individuellen Schadstoffbelastung sind, im System der hygienischen, d. h. auf Prophylaxe orientierten Grenzwerte eine geringere Bedeutung als sie den MAK-Werten zukommt. Dem trägt auch der Gesetzgeber Rechnung.

Literaturangaben können vom Verfasser angefordert werden.

Anmerkung

[1] Der ungenaue Terminus „maximale Arbeitsplatzkonzentration" hat sich eingebürgert und dürfte kaum durch „höchstzulässige Konzentration" ersetzt werden.

K. Schreiber

Diskussionsbeitrag

Die Definition des Schadstoffbegriffs und die Problematik der Schadstoffbewertung erfordern die Berücksichtigung auch solcher stofflicher Eingriffe in Lebensvorgänge bzw. Veränderungen der Biosphäre, durch die nicht nur der Mensch, sondern ebenso Tiere, Pflanzen und/oder Mikroorganismen in unerwünschter Weise geschädigt bzw. durch die das biologische Gleichgewicht oder die Lebensbedingungen nachteilig verändert werden. So sollten zu den Schadstoffen im weitesten Sinne auch solche im Prinzip nichttoxische Stoffe gerechnet werden, durch die bei unsachgemäßer Produktion oder Anwendung organische Wachstumsprozesse in unkontrollierbarer Weise aktiviert (z. B. Eutrophierung von Gewässern durch Phosphat und Nitrat) bzw. mögliche Klimaveränderungen verursacht werden (z. B. Veränderungen des CO_2- bzw. O_3-Spiegels der Lufthülle der Erde).

Es sei jedoch darauf hingewiesen, daß auch in der sogenannten „natürlichen Umwelt" vielfältige Schadstoffe verbreitet sind. Hierbei ist nicht nur an Giftpflanzen und Giftpilze, an toxische Tiere, wie z. B. den japanischen Kugelfisch, durch dessen Genuß jährlich mehrere hundert Menschen sterben, oder an durch Mikroorganismen vergiftete (Mykotoxine) Nahrungs- und Futtermittel zu denken, sondern auch an das natürliche Vorkommen toxischer Inhaltsstoffe in zahlreichen weltweit verwendeten Nahrungspflanzen. Erwähnt seien in diesem Zusammenhang lediglich die in Kohlarten vorkommenden kropferzeugenden Senfölglucoside vom Typ des Glucobrassicins bzw. Progoitrins, die in Gurken nachgewiesen, für den gelegentlich bitteren Geschmack verantwortlichen Cucurbitacine, das aus der gewöhnlichen Möhre, *Daucus carota* L., isolierte hoch neurotoxische Carotatoxin oder die in Kartoffeln und Tomaten enthaltenen Steroidalkaloidglykoside Solanin bzw. Tomatin [1]. Allerdings sind die jeweils vorkommenden Mengen im allgemeinen sehr gering, so daß eine unmittelbare Schädigung lediglich in Ausnahmefällen, beispielsweise bei einseitiger Ernährung oder unsachgemäßer Zubereitung der Nahrung, tatsächlich zu befürchten ist.

Eine umfassende Schadstoffbewertung schließt eine analytische Bestandsaufnahme des jeweiligen Vorkommens der verschiedenartigen Schadstoffe und ihrer biotischen (Metabolite) bzw. abiotischen Umwandlungs- und Abbauprodukte (und deren Toxizität) ein. Diese sehr komplexe analytische Aufgabe dürfte nur bei Berücksichtigung einiger weniger Hauptschadstoffe realisierbar sein, so daß integrierenden Nachweisverfahren unter Verwendung geeigneter Modellorganismen zunehmende Bedeutung zukommt.

Literatur

[1] Vgl. Schreiber, K.: Toxische Inhaltsstoffe von Nahrungspflanzen. Kulturpflanze **16**, 255–276 (1968).

W. Schirmer

Diskussionsbeitrag

Es ist zweifellos von großer Bedeutung, daß wir das Bewußtsein aller Bürger unseres Staates für die Gefahren schärfen, die sich aus einer Belastung unserer Umwelt durch Schadstoffe und Abfallprodukte aller Art ergeben. Allzulange schon haben wir auf diesem Gebiet eine gewisse Gleichgültigkeit gegenüber der Natur, die zunächst durch Abbauprozesse aller Art das gestörte Gleichgewicht wieder herzustellen vermag, geduldet. Das gilt auch für alle Maßnahmen, die die Erhaltung der natürlichen Ressourcen betreffen, die durch die zunehmende Entwicklung der Industrie und durch die individuelle Inanspruchnahme technischer Hilfsmittel in Mitleidenschaft gezogen werden. Die Gesellschaft muß und wird für den Umweltschutz in steigendem Maße Mittel aufwenden, und gerade unsere sozialistische Gesellschaft mißt diesem Problem große Bedeutung bei. Unsere Bürger haben ein Recht darauf zu wissen, welche Gefahren unserer Umwelt drohen und welche Maßnahmen erforderlich sind, um diese Gefahren abzuwenden.

Der weitere Ausbau und die Intensivierung der Produktionsprozesse unserer Volkswirtschaft führen zunächst auch zu einer verstärkten Erzeugung von Abfallprodukten aller Art. Wissenschaft und Technik müssen dazu beitragen, daß der Anfall dieser Stoffe möglichst gering bleibt oder ganz unterbunden wird. Vor uns steht die Aufgabe, abproduktarme oder -freie Verfahren zu entwickeln. Industrialisierung und Umweltschutz sind eine Einheit, die wir auch auf wissenschaftlichem und technischem Gebiet einheitlich behandeln müssen. Auch in der Öffentlichkeitsarbeit müssen diese Zusammenhänge noch stärker als bisher dargestellt werden.

Es ist beeindruckend, wenn wir erfahren, daß heute schon mehr als 2000 chemische Verbindungen bekannt sind, die in vitro als krebserregend erkannt wurden. Diese Kenntnisse und sicherlich in Kürze zu erwartende weitere neue Befunde zeigen das ganze Ausmaß dessen, womit sich die chemische Toxikologie beschäftigen muß. Sie ist vor allem verpflichtet, alle Erkenntnisse in einem möglichst umfassenden komplexen Zusammenhang zu sehen. Und da ergeben sich weitere Fragen:

1. Sind die in vitro gefundenen Resultate auch in vivo zu erwarten? Tatsächlich sind doch wohl bisher nur 20—30 chemische Verbindungen als für den Menschen unmittelbar krebsauslösend erkannt und von der Weltgesundheitsorganisation als entsprechend gefährlich eingestuft worden. Ebenso wie wir die Pflicht haben, auf jede *mögliche* Gefahr hinzuweisen, sind wir auch dafür verantwortlich, daß wir

den Umfang einer Gefährdung realistisch einschätzen und die zu ergreifenden Schutzmaßnahmen entsprechend einstufen. Wie weit sind wir heute in bezug auf die Sicherheit, mit der wir eine eventuelle Schadwirkung zu erkennen vermögen?

2. Wir müssen uns als Wissenschaftler stets der Tatsache bewußt sein, daß unsere Befunde volkswirtschaftliche Konsequenzen größter Tragweite haben können. Zu den mit Sicherheit als cancerogen erkannten chemischen Verbindungen gehört das monomere Vinylchlorid. International gesehen wird heute nur noch Polyvinylchlorid mit einem Monomerenanteil von weniger als 5 ppm gehandelt.

Unsere Produkte haben diese Grenzkonzentration zur Zeit noch nicht erreicht. Die erforderliche Umstellung der Produktionsverfahren kostet Hunderte von Millionen Mark, ganz abgesehen davon, daß zur Zeit auch noch technologische Entwicklungsarbeiten zur Gewinnung einer entsprechenden Polymerenqualität zu leisten sind. Die erforderlichen Maßnahmen wurden bereits eingeleitet, die Mittel für ihre Durchführung werden wie in anderen als dringend erkannten Fällen bereitgestellt werden. Aber nicht in jedem theoretisch als wünschenswert zu bezeichnenden Falle ist das möglich. Deshalb müssen auch unsere Aussagen zu toxikologischen Befunden ein hohes Maß an wissenchaftlicher und gesellschaftlicher Sicherheit aufweisen, wofür in vielen Fällen sicherlich noch umfangreiche Forschungsarbeiten zu leisten sind.

3. Es ist bewiesen, daß Nitrosamine gefährliche, cancerogen wirkende Stoffe sind. Sie entstehen leicht in der Atmosphäre durch Reaktion zwischen Spuren von NO und den in Industriegebieten ebenfalls in der Atmosphäre enthaltenen Spuren von Ammoniak und Alkylaminen. Nicht etwa die sichtbare Abgasfahne der Salpetersäurefabriken produziert die meisten Stickoxide, sondern der bedeutendste Produzent sind die Kraftwagen, von denen zwar jeder nur eine Spur NO mit den Auspuffgasen an die Umwelt abgibt, dafür geschieht dies aber konzentiert in Städten und entlang stark befahrener Straßen. Die Menge an NO, die auf diese Weise in den USA gebildet wird, erreicht pro Jahr den Umfang von mehreren Millionen Tonnen. Zur Lösung dieses Problems stehen wir vor sehr umfassenden Untersuchungen. Es sei nur daran erinnert, daß das NO auch zu der gefährlichen Smogbildung beiträgt, die bestimmte Industriegebiete mit starker Sonneneinstrahlung zeitweise ungewöhnlich stark belästigen kann.

Unsere wissenschaftlich-technischen Maßnahmen zur Verminderung der schädlichen NO-Produktion müssen Hand in Hand mit einer entsprechenden Öffentlichkeitsarbeit gehen, die die Zusammenhänge richtig, ohne einseitige Betonung darstellt, da wir sonst bei unseren Bürgern den Eindruck erwecken, als seien sie den möglichen Schäden hilflos ausgeliefert.

4. Es wurde in mehreren Diskussionsbemerkungen betont, daß wir zur Zeit noch keine Beziehungen zwischen der Struktur toxikologischer Schadstoffe und ihrer Wirkung auf den Menschen herstellen können. Zweifellos werden in Zukunft auf bestimmten Teilgebieten solche Struktur-Wirkungs-Beziehungen von uns erkannt werden.

Ich halte es für eine wichtige Aufgabe, die Zusammenarbeit der chemischen Toxikologie mit der physikalischen Chemie und anderen Zweigen der Chemie gerade auf diesen Problemkomplex zu lenken. Auch die weitere Untersuchung der heute hier hervorgehobenen synergistischen Beziehungen steht auf der Tagesordnung.

Aus diesen Erkenntnissen können wir ein Forschungsprogramm für die chemische Toxikologie ableiten, das unter Berücksichtigung der uns zur Verfügung stehenden geringen Forschungskapazitäten gestattet, Schwerpunktuntersuchungen mit hohem Wirkungsgrad durchzuführen. Ich sehe es als vordringliches Ergebnis unserer heutigen gemeinsamen Beratung an, die Grundlagen für ein solches Programm geliefert zu haben.

H. Frommelt

Diskussionsbeitrag

Zweifellos stehen bei der Chemisierung der Volkswirtschaft die Vermeidung von akuten Vergiftungen und Spätschäden, z. B. durch Phosphororganica und cancerogene Substanzen im Vordergrund, da sie meist mit irreversiblen Veränderungen im menschlichen Organismus verbunden sind.

Mit der bedeutenden Erweiterung der Polyurethan-Chemie in der DDR entstehen jedoch nicht nur Gefahrenquellen im Zusammenhang mit der Isocyanatherstellung durch Phosgen, sondern — wenn auch mit geringerer Toxizität — durch die Di- bzw. Triisocyanate.

Die Ermittlung und Einhaltung der maximalen Arbeitsplatzkonzentrationen (MAK-Werte) verhindern zwar akute Vergiftungen, aber nicht die durch den Umgang mit Isocyanaten relativ häufig auftretenden Allergien, die zu langfristigen Arbeitsausfällen, aber auch Spät- und Dauerschäden führen können.

Die Problematik besteht zudem darin, daß die Bildung der Polyurethane aus Polyolen und Di- bzw. Triisocyanaten zu Formstoffen, Schäumen und Beschichtungsmaterialien erst beim Hersteller bzw. Anwender dieser Produkte erfolgt, d. h., in weiten Bereichen unserer Volkswirtschaft, in denen zum großen Teil keine ausreichenden chemischen Kenntnisse vorhanden sind.

Durch diesen Beitrag soll darauf hingewiesen werden, daß im Interesse des Gesundheitsschutzes nicht nur die Verhinderung akuter Vergiftungsfälle Gegenstand vorbeugender Maßnahmen sein sollten, sondern gleichermaßen das mit dem verstärkten Ausbau der Polyurethanchemie ansteigende Auftreten von Allergien.

H.-A. Freye

Diskussionsbeitrag

In seinem ausgewogenen einführenden Vortrag hat Herr Lohs darauf hingewiesen, daß viel mehr vermutete als exakt bewiesene toxikologische Gefahren bestehen. Ich möchte mit meinem Diskussionsbeitrag auf die Möglichkeit hinweisen, Grenzen der Schadstoffbewertung aus biologischen Beobachtungen abzuleiten. Beispiele:

Ende 1976 fielen im Bezirk Neubrandenburg 600—800 Wildgänse einer Vergiftung zum Opfer [1]. In der Folgezeit wurden im Umkreis von 750 km² 6 tote Seeadler aufgefunden. Toxikologische Untersuchungen erbrachten bei den Wildgänsen wie bei den Seeadlern hohe Quecksilberrückstände. Die Befunde weisen eindeutig auf Vergiftungen über die Hg-haltigen Saatbeizmittel des ausgesäten Wintergetreides hin. Aus anderen Gebieten der DDR liegen ebenfalls Verdachtsfälle einer Vergiftung durch Saatbeizmittel, z. B. für den Kranich u. a. Wildvogelarten, vor. Mit einer unbekannten Zahl nicht entdeckter Todesfälle muß selbstverständlich gerechnet werden.

Toxikologische Untersuchungen an mehreren Wildgänsen erbrachten Hg-Konzentrationen zwischen 12 und 70 ppm in der Leber und durchschnittlich 30 ppm in der Muskulatur. Die nach den Fundumständen zu vermutende sekundäre Vergiftung der Seeadlerpopulation des umliegenden Gebietes konnte in 5 Fällen analytisch gesichert werden, wobei Leber und Niere Hg-Konzentrationen von 45 bis 154 ppm aufwiesen (Daten von G. Oehme/Halle).

Nach Auskunft des VEB Saat- und Pflanzengut wurden 1976 im Bezirk Neubrandenburg ca. 37% des zur Aussaat gelangten Wintergetreides mit den bereits seit Jahrzehnten in der Republik verwendeten Beizmitteln auf der Grundlage von Phenyl-Hg-Azetat, 63% des Wintergetreides dagegen jedoch mit Falisan-Universal-Feuchtbeize (Wirkstoff Methylquecksilber-p-toluolsulfamid) behandelt.

Quecksilbervergiftungen rufen eindeutig nachgewiesene charakteristische neurotoxische Symptome hervor, da sie wie alle Alkyl-Hg-Verbindungen rasch und in hohem Prozentsatz (bis zu 90%) beim Menschen vom Verdauungstrakt resorbiert und nur sehr langsam vom Körper wieder eliminiert werden. Das in unserer Republik in den Falisan-Feuchtbeizen enthaltene Methylquecksilber-p-toluolsulfamid (Konzentration 1,35 und 1,8% entsprechend einem Hg-Gehalt von 0,9 und 1,2%) bildet hierbei *keine* Ausnahme. Die stärkere Toxizität des Methyl-Hg hängt sehr eng mit der hohen Stabilität der Quecksilberkohlenstoffverbindung zusammen. die in der Lage ist, tierische Nahrungsketten bis hin zum Menschen ohne Aufspaltung zu passieren. Der übrige Teil des Moleküls ist dagegen leicht auswechselbar. Für Methyl-Hg variiert bei allen studierten Tierarten die biologische Halbwertszeit zwischen 20 (Ratte) und 70 (Mensch) Tagen. Beim Menschen erfolgt die Ausscheidung nach langer Verweildauer am langsamsten von allen Säugetieren. Für Phenyl-Hg-acetat ist die Halbwertszeit viel geringer: Bis zur Ausscheidung von 50% der aufgenommenen Menge vergehen bei der Ratte nur 3—4 Tage.

Die individuelle Sensibilität des Menschen ist sehr unterschiedlich, und hinsichtlich der Feststellung von Frühsymptomen gibt es deshalb Schwierigkeiten. Neurotoxische Symptome werden aber bei Hirnkonzentrationen von 3—9 ppm festgestellt (Berglund und Berlin, 1969), wobei für Methyl-Hg charakteristisch ist, daß es die Blut-Hirn-Schranke zu überwinden vermag. Weitere Gesundheitsschäden bestehen in Lähmungen, Blindheit, Verlust intellektueller Fähigkeiten. Diese Schäden sind irreparabel und unheilbar (Hammond 1971, Lohs u. Mitarb. 1975). Besonders das kindliche und embryonale Hirn ist gegenüber Methyl-Hg empfindlich, das die Plazentaschranke überwinden kann und sich in den Erythrozyten des Fetus sogar in höheren Konzentrationen als im Blut der Mutter nachweisen läßt. Bei einem akzeptierten Höchstaufnahmewert von 0,5 ppm Hg in der Nahrung gibt es bereits für werdende Mütter keine Sicherheit mehr (Peakall und Lovett 1972). Auch auf genetische Schäden als Folge der Aufnahme bereits geringer Mengen von Methyl-Hg wird hingewiesen (Chromosomenbrüche u. a.). Da einerseits auch das jagdbare Federwild belastet ist (z. B. in der Leber von Fasanen 5,9 ppm Hg), andererseits der vom Ministerium für Gesundheitswesen der DDR für Fische zulässige Höchstwert 0,5 ppm Hg beträgt, besteht in dem Genuß von Wildvögeln eine potentielle Gefahr für den Menschen.

Literatur

[1] Oehme, H. u. Ruthenberg, K.: Zur Vergiftungsgefährdung von Mensch und freilebender Tierwelt methylquecksilberhaltige Saatbeizungsmittel. Z. für die gesamte Hygiene und ihre Grenzgebiete. 1978.

E. Heinisch

Diskussionsbeitrag

Im Zusammenhange mit der Schadstoffbewertung ist von allen Vortragenden nur ein Medium der Schadstoffübermittlung genannt worden, die atmosphärische Luft und hierbei zumeist die Luft am Arbeitsplatz. Es ist aber notwendig, Höchstkonzentrationen in allen Umweltmedien — Boden, Wasser sowie Nahrung und Ernährung — komplex zu betrachten.

Ansätze hierzu finden sich in Arbeiten des Allunionsinstituts für Hygiene und Toxikologie von Pestiziden und Elasten in Kiew. Diese Publikationen sollten ausgewertet und weiterverfolgt werden. Die Frage nach integrierenden Nachweisverfahren zur regionalen und globalen Schadstoffbelastung ist für eine ökonomisch, ökologisch und toxikologisch sehr wesentliche chemische Körperklasse, die Halogenkohlenwasserstoffe relativ einfach zu beantworten. Ein reales Abbild der Kontamination kleinerer und größerer Gebiete mit diesen Stoffen, ist ihre Konzentration im Depotfett des Menschen und bestimmter omnivorer Tiere. Es ist nicht schwierig auch Biopsieproben zu entnehmen und zu analysieren, was bereits aus verschiedenen Anlässen von der Medizin bis zur Ernährungswissenschaft vorgenommen wurde. Die hierbei gewonnenen Werte sind zur Beurteilung vieler Parameter, von humanökologischen bis zu sozialökonomischen verwertbar.

Was die Kalamität betrifft, bei der im Bezirk Neubrandenburg u. a. Wildgänse durch Aufnahme von mit quecksilberorganischen Beizmitteln behandeltem Saatgetreide zum Tode kamen, sollten folgende Aspekte beachtet werden. Die Verbindungen — in der DDR werden die Wirkstoffe Methylquecksilber-p-toluolsulfamid sowie Phenylquecksilberacetat angewandt — sind in einigen Einsatzbereichen nur sehr schwer zu ersetzen, obwohl sie zu den ältesten Pflanzenschutzmitteln (etwa seit 1920 in größerem Maße in Verwendung) gehören. Für ihren Einsatz wurden in der DDR zahlreiche Arbeits-, Gesundheits- und Umweltschutzmaßnahmen verbindlich. Solange diese Verbindungen angewandt werden, ist es erforderlich, die Flächen, die mit Hg-Mitteln gebeiztem Saatgut bestellt sind, durch spezielle Hege so zu schützen, daß freilebendes Wild nicht auf das gebeizte Saatgut als Nahrung angewiesen ist. Der Tod der geschützten Wildgänse wäre durch solche Hegemaßnahmen zu verhindern gewesen. Hierdurch wäre nicht nur ein Gesichtspunkt des Naturschutzes zur Geltung gekommen, sondern ein ökonomischer, nämlich der Verlust der Saat und somit ein Ernteausfall.

H. Stobbe

Diskussionsbeitrag

Schäden durch chemische Umweltnoxen wirken sich an den Zellsystemen der Hämatopoese besonders aus und sind mit verhältnismäßig einfachen Methoden nachweisbar. Dies gilt nicht nur für bekanntermaßen isoliert hämatotoxisch wirkende Substanzen, sondern auch für Schäden, bei denen Veränderungen der Hämatopoese gegenüber weit. schwerwiegenderen Befunden an anderen Organen zurückstehen.

Der Nachweis einer Auswirkung professioneller Noxen an den Blutzellsystemen spielt im Hinblick auf die Prophylaxe sowie besonders auch bei der Beurteilung im Rahmen von Begutachtungen eine wichtige Rolle. Die Reaktionsmöglichkeiten der verschiedenen hämatologischen Zellsysteme gegenüber den verschiedenen Schadstoffen sind dabei durchaus begrenzt. Es sind quantitative und qualitative Kriterien zu unterscheiden. Im März 1976 wurde vor der Klasse Umweltschutz und Umweltgestaltung diese Problematik eingehend vorgetragen. Damals wurden die Schäden durch Arzneimittel („medikamentöse Umwelt") und die durch professionelle Noxen („Schadstoffe im Arbeitsmilieu") besonders hervorgehoben.

Als weitere Schadstoffe sind die „genüßlichen Gifte", unter diesen besonders der *Alkohol* anzuführen. Dem ambulant und klinisch wirkenden Arzt kommt es zu, bei entsprechenden Verdachtsmomenten dem möglichen Vorliegen alkoholtoxischer Störungen nachzugehen. Bei entsprechenden Alkoholabusus können schon nach relativ kurzer Zeit erhebliche Veränderungen an allen drei blutbildenden Systemen bis zur bedrohlichen Panzytopenie auftreten. Diese Störungen sind unabhängig vom Vorliegen einer Leberschädigung und einer durch portale Hypertension bedingten Splenomegalie. Diese Befunde vermehren lediglich die Symptomatik. Störungen im Folsäure- und Eisenstoffwechsel sowie direkte alkoholtoxische Wirkungen an der Zelle sind als pathogenetische Faktoren zu nennen.

Nach Alkoholkarenz ist eine Rückbildung der hämatologischen Schäden in weitem Maße möglich.

Da die Palette der zytomorphologischen Kriterien sowie auch die quantitativen Verhältnisse infolge Alkoholintoxikation sich weitgehend mit den hämatotoxischen Auswirkungen überschneiden, stellt bei entsprechenden Begutachtungen der Alkoholabusus mit seinen Folgen einen bedeutungsvollen „Störfaktor" bei der Analyse hämatologischer Befunde dar. Diese „Überschneidungen" zweier Schadstoffwirkungen führen nach unserer Erfahrung zu einer eindrucksvollen Verstärkung der Befunde.

So fanden wir bei benzolexponierten Arbeitern mit starkem Alkoholabusus zytomorphologische Befunde im Knochenmark und Blut, wie sie bei Vorliegen einer Präleukämie zu beobachten sind. Da der Jahresdurchschnittsverbrauch an absolutem Alkohol pro Kopf der Bevölkerung für Genußzwecke nunmehr 9 l überschritten haben dürfte, hat der Arzt, insbesondere bei Begutachtungen, alltäglich mit derartigen Konstellationen zu rechnen.

W. Dedek

Zur toxikologischen Bewertung von Pestizid-Wirkstoffen

Pestizide sind hinsichtlich ihres Einflusses auf die Umwelt und auf den Menschen im Vergleich mit anderen chemischen Zwischen- oder Finalprodukten insofern speziell zu betrachten, weil diese Wirkstoffe gezielt auf landwirtschaftliche Kulturen, Nutztiere usw. appliziert werden. Die von der WHO veröffentlichten Empfehlungen [1] wurden von Experten aus den RGW-Ländern und einigen westeuropäischen Ländern (England, Niederlande, BRD, Schweiz) sowie Argentinien auf dem IV. Workshop der International Association on Occupational Health, Committee on Pesticides, Bratislava, 23.—25. 8. 1977, einer kritischen Überprüfung unterzogen. Die abschließend erarbeiteten Empfehlungen wurden allen Vertretern der Teilnehmerländer übermittelt und sind im folgenden zusammenfassend wiedergegeben.

Einschätzung verschiedener Klassifikationen der Toxizität sowie Gefährdung durch Pestizide, speziell im Hinblick auf berufliche Expositionen

Die von der WHO publizierten Empfehlungen [1] werden als die z. Z. vorhandene, am besten geeignete Richtlinie für vorgesehene internationale Regelungen angesehen und wie folgt ergänzt:

Daten aus toxikologischen Langzeit-Studien über Expositionen in Laboratorien, Industrie-Anlagen und im Freiland sollten publiziert und von der WHO ausgewertet werden.

Für technische Pestizid-Wirkstoffe sollte, insbesondere für toxikologische Experimente, einschließlich sämtlicher Nebenprodukte, die quantitative Analyse bekannt sein.

Toxikologische Daten von Pestizid-Formulierungen müssen experimentell bestimmt, aber nicht aus den Daten der reinen bzw. technischen Wirkstoffe berechnet werden.

Zur Messung der Exposition (definiert als insgesamt resorbierte Wirkstoffmenge) müssen zuverlässige analytische Methoden ausgearbeitet werden; die bisher in der Praxis gebräuchlichen (z. B. Cholinesterasehemmung) sind zu unspezifisch und ungenau, außerdem in den meisten Fällen zu wenig empfindlich. Speziell die quantitative Bestimmung von Wirkstoffen bzw. ihren Metaboliten im Urin wird hier die notwendigen eindeutigen Informationen erbringen.

Für die Exposition von Arbeitern muß die percutane Resorption als wichtigster Parameter angesehen werden, während Gefährdungen durch Inhalation nicht als so vordringlich zu betrachten sind.

Die dringend notwendigen Dosis-Wirkungs-Beziehungen sollten nicht nur aus Tierexperimenten, sondern auch aus Expositions-Studien am Menschen abgeleitet werden. Zur internationalen Koordinierung sollten die WHO-Standard-Protokolle für Freilandversuche [2] benutzt werden; alle Resultate, sowohl negative als positive, sollten publiziert werden.

Der Umgang mit Pestiziden muß durch Training und Ausbildung insgesamt sicherer gestaltet werden, wobei sowohl das Personal der Produktionsbetriebe als auch die Anwender in der Praxis einbezogen werden müssen; infolge der im Weltmaßstab ständig weiter zunehmenden Anwendung von Pestiziden kommt ein immer größerer Personenkreis mit diesen vielfach relativ toxischen Wirkstoffen in direkten Kontakt.

Gefährdungen im Hinblick auf die Applikation von Pestiziden aus der Luft sollten durch Publikation diesbezüglicher Daten zukünftig umfassender eingeschätzt werden können.

Das Experten-Komitee empfiehlt die weitere Intensivierung der bestehenden Zusammenarbeit mit der Weltgesundheits-Organisation und der Internationalen Organisation für Arbeit (WHO und ILO).

Literatur

[1] Recommended Classification of Pesticides by Hazard, WHO Cronicle, 29, 397–401 (1975).

[2] WHO document VBC/75.9.

Beide Publikationen können bei der WHO angefordert werden: Pesticide Development and Safe Use Unit, Division of Vector Biology and Control, World Health Organization, 1211 Geneva 27, Switzerland.

J. Schöneich

Diskussionsbeitrag

Bei der Beurteilung der Toxizität von Chemikalien spielt die Mutagenitätsprüfung eine wesentliche Rolle. Die Mutagenität gehört zur Gruppe der Spätschäden, denen seit einiger Zeit zunehmende Bedeutung beigemessen wird, deren Erkennung im allgemeinen aber auch mit besonderen Schwierigkeiten verbunden ist. Auf dem Gebiet der Mutagenitätstestung ist die Situation jedoch besser als vielfach bekannt ist. Dazu trägt vor allem die Tatsache bei, daß das Targetmolekül für mutagene Agenzien, die DNA gut bekannt ist und bei allen Organismen von den Viren bis hin zum Menschen gleichen chemischen Aufbau und gleiche Struktur besitzt. Darüber hinaus verfügen wir über recht gut fundierte Kenntnisse über die molekularen Mechanismen der Mutationsentstehung.

Prinzipiell kann eine Chemikalie, die mutagen bei Viren oder Bakterien ist, nur deshalb keine Mutagenität beim Menschen besitzen, weil besondere Schutzmechanismen, wozu u. a. die Permeabilität beeinträchtigende Membranstrukturen, metabolischer Abbau, schnelle Eliminierung oder die besondere Verpackung der DNA in den Chromosomen gehören, die Einwirkung des Mutagens auf das genetische Material des Menschen verhindern.

So war es gerechtfertigt mit Viren, Bakterien, Hefen und Pilzen Screeningteste zu entwickeln, die eine hohe Durchsatzrate besitzen und mit denen schnell und mit großer Sicherheit für den Menschen *potentiell* mutagene Substanzen erfaßt werden können. Da im Säugerstoffwechsel per se mutagene Chemikalien nicht nur entgiftet werden, sondern nichtmutagene Stoffe auch in mutagene Produkte umgewandelt werden können, muß der Metabolisierung von Chemikalien im Säugerstoffwechsel auch bei der Mutagenitätstestung Rechnung getragen werden. Die Screeningteste mit Mikroorganismen wurden in verschiedener Weise diesen Anforderungen sehr effektiv angepaßt.

Daneben stehen uns aufwendige Teste mit höheren Organismen, insbesondere mit Säugern zur Verfügung, mit denen wir das quantitative Risiko für den Menschen noch besser abschätzen können als es mit den Screeningtesten möglich ist.

Man kann also feststellen, daß Teste zur Prüfung von Chemikalien auf mutagene Wirkungen zur Verfügung stehen, die eine hohe Durchsatzrate besitzen und bei ökonomischer Vertretbarkeit auch eine recht hohe Sicherheit bieten. Es kommt jetzt vor allem darauf an, darauf hinzuwirken, daß diese Teste auch zum Einsatz kommen. An dieser Stelle sollte noch auf die große Übereinstimmung zwischen kanzerogener und mutagener Wirkung von Chemikalien hingewiesen werden. Mit den heute verfügbaren Mutagenitätstesten kann bei etwa 90% aller Kanzerogene eine mutagene Wirkung gefunden werden, d. h., daß mit Hilfe der Mutagenitätstestung etwa 90% der kanzerogenen Chemikalien erkannt werden können.

Wie jüngste Untersuchungen gezeigt haben, besteht nicht nur qualitativ, sondern auch quantitativ eine fast lineare Beziehung zwischen mutagener und kanzerogener Wirkung von Chemikalien. Dieser Übereinstimmung sollte mehr als bisher durch den Einsatz der sehr ökonomischen Mutagenitätsteste für das Screening auf Kanzerogenität Rechnung getragen werden. Ein positives Ergebnis in den Screeningtesten sollte einerseits Anlaß für Kanzerogenitätsteste an Versuchstieren sein, auf Grund ihrer hohen Relevanz aber auch schon Veranlassung sein für bestimmte Sicherheitsmaßnahmen oder in Abhängigkeit von der ökonomischen oder gesundheitspolitischen Bedeutung für einen eingeschränkten Gebrauch oder ein gänzliches Verbot.

Neue Wirkstoffe sollten erst dann zugelassen werden, wenn eindeutig nachgewiesen ist, daß ein positives Ergebnis in den Mutagenitäts- oder anderen Screeningtesten nicht auf den Menschen übertragbar ist. Die Epidemiologie als die Methode mit der die krebserregende Wirkung einer Chemikalie für den Menschen am sichersten nachzuweisen ist. kann nur dann eingesetzt werden, wenn es sich um Substanzen handelt, die schon lange auf dem Markt sind und eine große volkswirtschaftliche oder gesundheitspolitische Bedeutung besitzen. Es ist nicht vertretbar, ohne schwerwiegende Gründe eine Substanz so lange auf dem Markt zu belassen, bis ihre Kanzerogenität beim Menschen nachgewiesen ist, obwohl die Ergebnisse der Screeningteste schon eindeutige Hinweise darauf gegeben hatten.

G. Haase

Diskussionsbeitrag

Erlauben Sie, auch aus der Sicht der ökologisch arbeitenden Geo- und Biowissenschaften noch einige Gedanken in die Diskussion einzuspeisen. Herr Schreiber hat von der Notwendigkeit gesprochen, eine analytische Bestandsaufnahme der Lebensumwelt, darunter der natürlichen Lebenssphäre unserer Gesellschaft vorzunehmen. Die Landschaftsforschung ist unter dem Gesichtspunkt, die wesentlichsten dynamischen, d. h. also synergetischen und metabolischen Zusammenhänge in Geo- und Ökosystemen erkennen zu wollen, in sehr starkem Maße an einer solchen Aufgabe interessiert. Dazu bedarf es jedoch des dringenden Zusammenwirkens mit den Chemikern und insbesondere mit der chemischen Toxikologie. Dabei ist die Anzahl der in der natürlichen Umwelt vorhandenen und miteinander in Reaktion tretenden Stoffe und Stoffgruppen derartig groß, daß es wohl kaum möglich scheint, alle diese Zusammenhänge auch nur qualitativ oder halbquantitativ aufspüren zu wollen. Es geht auf keinen Fall auf analytischem Wege.

Wir haben aber die Hoffnung, daß uns zwei Möglichkeiten auf diesem Wege ein gutes Stück weiterführen, nämlich

1. die Konzentration unserer Arbeit auf wesentliche, die Qualität der Geo- und Ökosysteme entscheidend beeinflussende Stoffe und deren Metabolismus sowie die sich daraus ergebenden Belastungsgrenzen der Naturräume; und

2. die Ableitung von derartigen Reaktions- und Konzentrationsparametern in Geo- und Ökosystemen aus dem bereits vorhandenen Kenntnisschatz der Chemie, also auf theoretischem oder deduktivem Wege.

Wir benötigen dafür vor allem Konzentrationswerte, Grenzwerte, Vorstellungen über den — wahrscheinlichen, möglichen — Metabolismus von Fremdstoffen in Wasser, Boden und Luft, auch in biologischen Systemen. Sehr wünschenswert wären „Zeigerstoffe", die als Stellvertretergrößen in landschaftliche Bilanzierungen für schwierig zu ermittelnde, aber wesentliche Reaktionen und Stoffe benutzt werden könnten.

Unter diesen hier nur grob anzudeutenden Gesichtspunkten sollte man die Fragen von Herrn Schirmer konsequent mit „Ja" beantworten: Es sollte nach Struktur-Reaktivitäts-Merkmalen für wesentliche Fremdstoffe, darunter für gefährliche Schadstoffe in der natürlichen Umwelt seitens der Chemie gesucht werden. Ohne neue Erkenntnisse auf diesem Gebiet, für die sich ein spezifisches Forschungsprogramm ohne Zweifel lohnen würde, sind uns neue Einsichten in geosynergetische und geoökologische Fragen von hoher Bedeutung für den Umweltschutz und die präventive Gestaltung der natürlichen Umwelt stark erschwert. Aber erst auf diesem Wege lassen sich fortgeschrittene toxikologisch-chemische Kenntnisse bis in die Bereiche der Landschaftsplanung und Territorialplanung hineintragen, für die wir eine Mitverantwortung haben.

Edgar Lehmann

Schlußbemerkungen

Die Klasse „Umweltschutz und Umweltgestaltung" und die Klasse „Chemie" haben in ihrer heutigen gemeinsamen Sitzung einige Entwicklungslinien aufgezeigt, deren Beachtung in der Perspektive empfehlenswert erscheint, wenn Prozesse und Wirkungen der im volkswirtschaftlichen Rahmen der DDR höchst bedeutenden chemischen Industrie so gesteuert werden sollen, daß sie zur Erhöhung der Arbeits- und Lebensbedingungen ebenso beitragen können wie zur ständigen Steigerung des Nationaleinkommens, des allgemeinen ökonomischen Nutzens. Es steht außer Frage, daß von den vielen chemischen Verbindungen, die die Forschung ständig auf Grund neu gewonnener Untersuchungsergebnisse in den Kreislauf der Lebensprozesse einfügt, die weitaus größte Zahl als lebens- und zugleich wirtschaftsnotwendige Bioelemente wirken. Das Problem liegt in der Erkennbarkeit des Punktes, von dem ab Schädigungen der Umwelt mit dem Menschen als Mittelpunkt eintreten können.

Die Festlegung von Risikobelastungen enthüllt sich als ein so vielschichtiges Problem, daß über die grundlegende, keinesfalls zu unterschätzende Festlegung von „Normalwerten", die für Reaktionen im menschlichen Körper, im Boden, im Wasser sowie in den verschiedenen Organismen hinaus die Veränderungen berücksichtigt werden müssen, die sich aus der Kombination mehrerer Schadstoffe ergeben. Die gleichzeitige Einwirkung voneinander unabhängiger chemischer Substanzen in isoliert ungiftiger Konzentration kann durch Synergismus in den verschiedenen Medien erhebliche Schäden verursachen.

Die Zusammenhänge, die zur Störung des ökologischen Gleichgewichtes führen, sind noch weitgehend unbekannt. Es stellte sich in dem einführenden Referat von Herrn Lohs, in den Korreferaten von Prof. Dr. T. Schramm, Dr. P. Schmidt sowie in den verschiedenen Diskussionsbeiträgen heraus, daß der Wirkungsdauer stabiler chemischer Verbindungen, ihrer Persistenz und ihrem Abbau in den verschiedenen Medien eine besondere Bedeutung beizumessen ist. Eine realistische Risikoabschätzung beim Einsatz bestimmter chemischer Substanzen, die oft in großtechnischer Dimension produziert werden, erfordert insbesondere die Berücksichtigung von Langzeiteinwirkungen bestimmter, als schädlich erkannter Spurenelemente. Überdies sind Messungen der chemischen Belastbarkeit raumgerecht, das heißt mit Rücksicht auf die unterschiedlichen Bedingungen der Meßgebiete, also regional differenzierend im Hinblick auf Dauer- oder Kurzzeitbelastungen durchzuführen. Die Auswertung von Belastungskennwerten muß die wirklichen örtlichen bzw. regionalen Belastungsbedingungen von Anbeginn ebenso berücksichtigen wie die ökonomischen Voraussetzungen zu ihrer Veränderung bzw. optimalen Gestaltung.

Wenn auch von den Diskussionsrednern vorwiegend einzelne Komponenten in den Vordergrund gestellt wurden — und aus Zeitgründen auch mußten, so geschah es doch auf dem Hintergrund der Problematik, die die Wechselbeziehungen einzelner Stoffe und Stoffgruppen zu einer wunschgemäßen Umwelt zum Inhalt haben. Um die Auswirkungen der wirtschaftlich höchst bedeutenden Forschungsergebnisse der Chemie auf die industrielle Nutzung und durch sie auf die Gestaltung einer sozialistischen Landeskultur voll wirksam werden zu lassen, ist es notwendig, das ganze Beziehungssystem, in dem der Mensch lebt, als Umweltforschungsaufgabe ständig einer Kontrolle zu unterziehen. Es ist notwendig, den örtlichen Einzelfall in Beziehung zu den ökologisch verschiedenartig reagierenden Funktionssystemen zu bringen, zum Beispiel zur Atmosphäre, zum Boden und zum menschlichen Organismus, um mittels der hierfür zu erarbeitenden Parameter chemischer, medizinischer, geoökologischer und ökonomischer Art Umweltschädigungen oder -verbesserungen exakt, d. h. durch gemessene Kenndaten, im territorialen Komplex zu beurteilen. Es gilt, die Erforschung der Geoökosysteme in enger Verbindung mit der Erforschung ökonomischer Systeme und Zyklen durchzuführen.

FSC
www.fsc.org
MIX
Papier | Fördert gute Waldnutzung
FSC® C083411

Kolibri 360 GmbH
Ferdinand-Jühlke-Straße 7
99095 Erfurt, Deutschland
produktsicherheit@kolibri360.de